# 我们的发明他们的发明

# 时钟

石云里 / 主编

周喆 / 文　红红罗卜 / 图

U0193793

CNS ⊞ 湖南少年儿童出版社
HUNAN JUVENILE & CHILDREN'S PUBLISHING HOUSE

# 阅读指南

我们

此书涉及的"我们",是指中国人民。

他们

此书涉及的"他们",是指世界其他国家的人民。

大家

此书涉及的"大家",是指世界人民,体现了人类命运共同体的理念。

很久之前，世界上还没有任何计时工具，人们仰望天空观察到"日出日落"的自然现象，用日出日落简单判断时间。

后来人们发现动物对时间周期十分敏锐，于是通过听动物的叫声大致了解时间。

最早的"闹钟"竟是
公鸡打鸣的声音

夜半驴叫

人们根据日出日落安排生活作息，通常是"日出而作，日落而息"。

夜晚青蛙叫

狼是一种夜行性动物，夜晚会嗥叫

# 我们 古代的计时工具

为了掌握具体的时间，古代人发明了圭表和日晷（guǐ）——利用太阳影子的长度来判断时间的仪器，对日出至日落之间的时间段进行了细分。

中国较早的测时工具是圭表。相传 3000 多年前，西周太宰在河南设置了圭表。因为地球绕太阳公转，所以每日正午影子的长度不同。圭表还能根据正午时影子的长短来确定季节的变化和确定"二十四节气"。

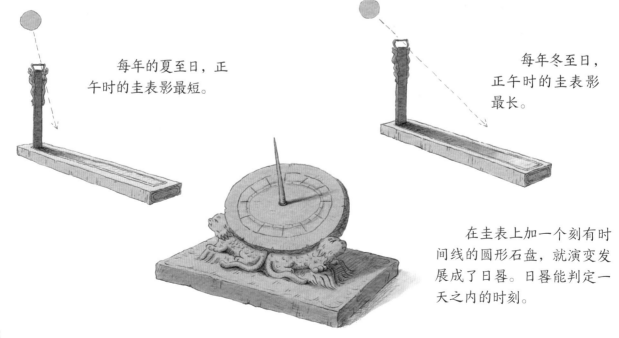

每年的夏至日，正午时的圭表影最短。

每年冬至日，正午时的圭表影最长。

在圭表上加一个刻有时间线的圆形石盘，就演变发展成了日晷。日晷能判定一天之内的时刻。

如果遇到阴天或夜晚，古人用铜壶滴漏计时。将水倒入最高处的铜壶，水滴从高到低由小孔漏出，壶壁标有刻度，观察最低处铜壶里的水的位置得出时间。

有了这些计时工具，古人把一天分为十二时辰。每一个时辰等于现在的两小时。

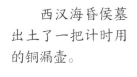

西汉海昏侯墓出土了一把计时用的铜漏壶。

# 他们 古代的计时工具

世界各地最早都是通过太阳的影子长度来判断时间。古埃及人利用方尖碑的影子测时，方尖碑跟我国古代日晷工作原理相似，但形状不同。

如果上课的时间采用古罗马冬季12点到1点的1小时时间，玩游戏用夏季的1小时时间，那就太好了。

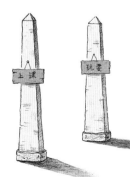

古罗马也有方尖碑。古罗马人利用方尖碑将一天划分成并不均匀的若干小时。因为不同季节影子的长度不一样，夏季12点和1点之间的"1个小时"有75分钟，冬季却只有44分钟。

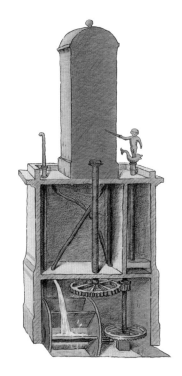

下雨天或夜晚，古罗马人会使用比方尖碑更小巧的水钟计时。富裕的古罗马人家中摆放着水钟滴水计时。

古希腊人克特西比乌斯是全球第一位有文字记载的时钟发明者。公元前 250 年左右，他制作出一台"机关重重"的水钟，比方尖碑测时准确。

古罗马人的生活里常出现水钟。宫廷举行会议时，水钟控制发言者的发言时长。如遇到会议中途休息的状况，用蜡将出水口堵住，稍后可恢复计时。

我去上个厕所，等一下就回。

# 我们 古代与时间有关的工作

没有闹钟之前，古代人是怎样被叫醒的？

中国古代许多城市都建有钟楼和鼓楼。敲钟击鼓是古代一种报时方式，每天早晚由专人敲击报时提醒市民。

打更是古代夜间的报时方式，打更的人被称为更夫。电视剧里常有更夫一边敲锣一边喊"天干物燥，小心火烛"的场景。

听说古代人5点起床？我生活在古代的话，每天肯定是梦游上学了！

# 他们 与时间有关的工作

　　18世纪英国出现了一种搞笑的工作，专门敲别人家的窗户。当时许多工人需要早起去上班。敲窗人每日早晨跑到工人家用长竿敲击卧房的窗户，直到"吵"醒工人。

这简直是天天在过万圣节！还不给糖！

　　敲窗人有很多招数叫醒工人，除了长竿，他们还用软锤、摇铃和豆子枪叫人起床，堪称"行走的闹钟"。被叫醒人还要支付"叫醒费"。

# 他们 机械钟的发明过程

1350 年，意大利的教堂顶部悬挂了最早的机械钟——塔钟。塔钟靠重锤从高往下坠带动指针转动。由于下坠并非匀速运动，所以指针"走"得忽快忽慢。

15 世纪德国人用钢发条代替了重锤，机械钟的体积变小了，还能在平地使用。

1510 年德国钟表匠制造出便携式怀表，1517 年有人送了一只手表给英国女王，这是最早关于手表的记录。

意大利物理学家伽利略有一天去教堂做礼拜。教堂挂着的吊灯被风吹得不停地来回摆动，引起了伽利略的注意。他察觉吊灯每次摆动的时间似乎是一样的。

伽利略回到家里做起了吊灯摆动实验，他记起医学老师讲过，脉的跳动是有规律的。他一边按住手腕数脉跳动的次数，一边注视着吊灯的摆动，发现吊灯每次往返摆动的时间是相等的。

伽利略得出结论，在一样长的线上悬挂重量不同的物体，它们来回摆动一次的时间却会相同，物体摆动的周期与线长有关，与重量、幅度无关。

1656 年，荷兰科学家惠更斯利用伽利略的理论设计出了钟摆。第二年，他指导钟表匠制出了第一台摆钟。

1675 年，惠更斯又将游丝装在擒纵器中，游丝是种形似蚊香的盘状弹簧，自此机械钟的精准度又提高了。游丝至今仍是钟表制作中的关键零件。

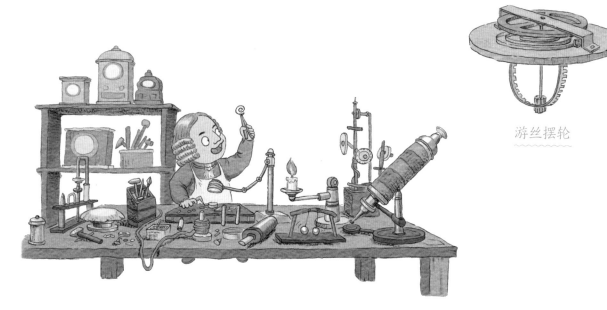

游丝摆轮

集结了几代科学家和工匠的努力，最终制作出了小巧又精准的钟表。摆钟通常带有报时功能，所以又称自鸣钟。自此以后，市面上出现了各式各样的新型机械钟。

　　摆钟的出现，让计时工具从教堂、宫廷进到了寻常百姓家中。机械钟不仅能计时，还可以当装饰品。

游丝的争夺战

　　英国科学家胡克声称是他先发明出弹簧的，惠更斯偷了他的想法，把管状弹簧改成了游丝。可惜他没有留下任何文字证明，最终人们第一次看到游丝是在惠更斯设计的机械钟里。然而物理学中有关弹簧的定律却是以胡克的名字命名的。

中国最早的机械钟是由欧洲传教士带来的。16世纪晚期，欧洲来的传教士利玛窦（dòu）与广东总督见面时，送上了一座中国人从未见过的西洋自鸣钟。广东总督很开心，允许他们在肇庆居住。

利玛窦住在肇庆时，一边学习中文，一边向当地人介绍西方的科学技术。当地人看到他们屋子里大大小小的西方钟表、科学仪器等，充满着好奇。

利玛窦很机灵，善于观察人心。他发现自鸣钟无论在哪都很受欢迎。他特地从澳门雇了西方钟表匠自制了一大一小两座自鸣钟献给了明朝万历皇帝。万历皇帝收到后十分欣喜。

利玛窦趁万历皇帝心情愉悦之际，请求住到京城。皇帝爽快地答应了，赐居在宣武门内，负责管理自鸣钟。

利玛窦送的两座自鸣钟，小的那座放在了皇帝的寝宫里，大的那座要几个人才抬得起。

# 我们 皇宫里的自鸣钟

万历皇帝在司天监找来4名"学生"，让他们专门跟着利玛窦学习制作、保养和维修自鸣钟的方法。

到了清代，皇宫里成立了制作自鸣钟的作坊，请来外国钟表匠指导中国学徒。乾隆年间，更是扩大了规模。

康熙和乾隆两位皇帝都有收藏自鸣钟的爱好，
皇宫里大大小小的自鸣钟累计竟有几千件。

铜镀金转八宝亭式钟

铜镀金冠架钟

黑漆描金木楼钟

红木套圆形双面钟

乾隆年间，时钟已是皇宫里的必需品，举
行各种宫廷典礼时都靠它计时。

利玛窦用自鸣钟当礼物讨中国皇帝欢心的事迹，迅速在欧洲传开。随后来华的外国人纷纷效仿利玛窦，用自鸣钟当"敲门砖"，敲开进中国的大门。

故宫博物院收藏了 1500 多件 18—19 世纪外国人送给清朝皇帝的机械钟，来自英国的机械钟最多。伦敦的钟表匠还为清朝皇宫制作了"限量版"机械钟。

做钟改变命运

巴黎来的外交官先后 3 次送机械钟给清朝皇帝，在中国获得了许多金银财宝。

一些外国使者为了讨中国皇帝的欢心，不仅自学做钟而且还雇几个高水平的钟表匠一起来中国。

一位名叫西基斯满德的外国人，在清朝皇宫工作了 30 年，负责维修乾隆皇帝的钟表。

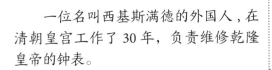

# 我们 老百姓也有自鸣钟了

1695 年在威尼斯出版的一本书中提到，中国人的手艺好，不仅能做出座钟，也可以制作小型钟。

民间以家庭为单位学习制作钟表。工匠们既无图纸也无专用的设备，一起拆解外国的西洋钟，自学成才。

十二时辰坠力天文钟

清代苏州的钟表业十分发达。苏州钟表的特色是造型简洁、色调清雅，表盘体积很大。

木质四面亭式钟

19世纪初广州成了时钟的销售中心。如今的广州市一德路卖麻街28号是当时的广州商业街钟表公所。

18世纪欧洲发生海难的概率不低。一旦发生事故时，因无法知道船的位置，救援难以展开。确定海上位置需要知道船舶所在的纬度和经度。虽然船员会判断纬度，但不会计算经度。

1714年，英国国会宣布：只要有人找出在海上测量经度的方法，误差在半度以内，可获得两万英镑奖金。

这么多钱，可怎么花呀！

英国钟表匠哈里森，花了几十年时间做出能准确测量经度位置的航海钟，赢得了奖金。

天上的星星随着地球的自转由东向西移动着，船员夜晚通过观察北极星等星体位置便可知道所在的纬度位置。

哈里森制作的第一台航海钟H1，重达34千克。这个"庞然大物"，搬到船上十分费力。60多岁的哈里森仍不放弃，制作出来的H4只比怀表大一点点，最终版本的H5，非常方便携带。

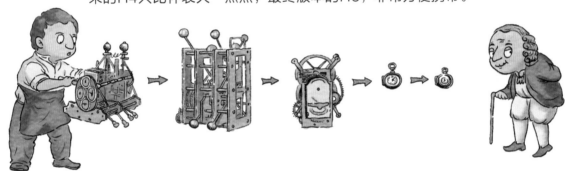

1772年，库克船长带着复制的H4，环行南极洲，成功渡过南极圈，没有迷失方向。

航海钟测量经度的方法：地球自转一圈有360度、需约24小时，所以地球在经线上每小时"走"15度。船员只需知道出发地位置与当前位置的时间差再乘以15，便可算出船所在的经度。H4即使在摇摆不停的船上也能精准计时。

# 我们 中国近代的时间观念

光绪年间（1875—1908），北京同时使用两套计时系统，本土十二时辰和西方的24小时制。

1899年，北京马家堡火车站采用机械钟报时，精确到分钟，时间一到，火车可不等人啦！

1920年，京华印书局新楼落成，这座大楼外部挂了一面时钟。

现在是北平时间八点一刻。

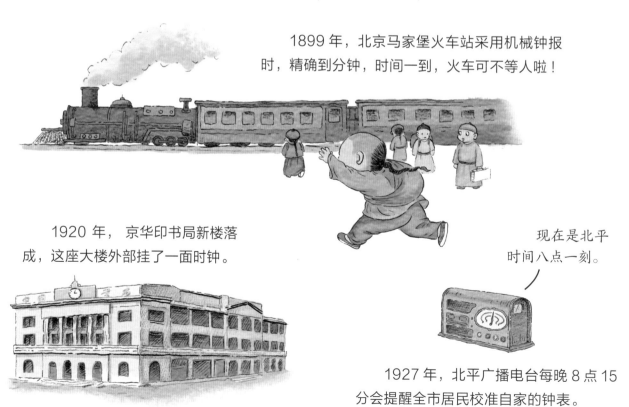

1927年，北平广播电台每晚8点15分会提醒全市居民校准自家的钟表。

中国统一使用北京时间（东经120°的地方时间）计时，它比格林尼治国际标准时间早8个小时。世界著名的格林尼治天文台于1675年设在英国伦敦。格林尼治天文台是"世界时区"的起点。

有了国际标准时间后，各地找到了对应的时区，国与国有了时差，比如中国北京比美国华盛顿快13个小时，北京人们在吃早餐的时候，地处华盛顿的人们即将睡觉。

没有国际标准时间之前，各国都使用自己的当地时间，国与国之间的交往容易因时间造成混乱。

1858 年，英国一个小城开庭审理一桩案件。当地时间 10:06，法官裁决诉讼人败诉，原因是他没有在 10:00 准时到庭。两分钟后，诉讼人到庭了，他向法官提出，按照他家乡火车站的时钟，他是准点到的。这一场官司促使英国决定统一时间，格林尼治时间成为世界上第一套标准时间。

19世纪中叶，美国各地都按自己的时间生活，仅威斯康星一个州就有38套时间标准。旅客常因时间混乱，错过了搭火车时间，最后只能抱头痛哭。

1884年，来自20多个国家的代表齐聚华盛顿，经过讨论，决定将全球划分成24个时区，以格林尼治天文台时间作为国际标准时间的起点。

# 大家 关于时间的小课堂

## 历史课：为什么中国古代不流行用沙漏计时？

沙漏用玻璃容器才能看清沙流动了多少，而古代中国陶瓷多，玻璃容器少。明代发明了五轮沙漏，体积非常大，也不方便携带，所以没有像欧洲那样运用到日常生活里。

怪我咯……

## 沙漏有什么优点呢？

沙子不会结冰，克服了铜壶滴漏"水漏至严寒冰冻，辄不能行"的缺点。

## 科学课：世界上最精准的钟

每家每户使用的钟表，偶尔有几分钟误差对日常生活影响不大，但在科学实验室里一秒误差都会影响结果。目前世界上最准确的计时工具是原子钟，2015 年日本东京大学制作的两台原子钟之间需要 160 亿年才会有 1 秒误差。宇宙诞生至今才 138 亿年呢！

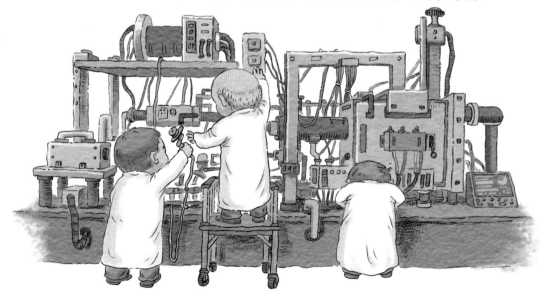

时间就像海绵里的水，只要
愿挤，总还是有的。—— 鲁迅

三更灯火五更鸡，
正是男儿读书时。
——唐·颜真卿《劝学诗》

能买十年寿命吗？

一寸光阴一寸金，
寸金难买寸光阴。
——《增广贤文》

**图书在版编目（CIP）数据**

时钟 / 石云里主编；周喆文；红红罗卜图. — 长沙：湖南少年儿童出版社，2021.4
（我们的发明他们的发明）

ISBN 978-7-5562-5491-0

Ⅰ.①时… Ⅱ.①石… ②周… ③红… Ⅲ.①钟表—技术史—中国—少儿读物 Ⅳ.①TH714.5-49

中国版本图书馆CIP数据核字(2021)第041137号

# 我们的发明他们的发明
WOMEN DE FAMING TAMEN DE FAMING

## 时钟
SHIZHONG

总 策 划：吴双英　　策划编辑：周　霞　　特约策划：周　喆

责任编辑：钟小艳　　封面设计：进　子　　插图绘制：方　彬　蒋娜娜　余燕鸣

营销编辑：罗钢军　　质量总监：阳　梅

出 版 人：胡　坚

出版发行：湖南少年儿童出版社

地　　址：湖南省长沙市晚报大道 89 号　　　邮　　编：410016

电　　话：0731-82196340　82196341（销售部）　82196313（总编室）

传　　真：0731-82199308（销售部）　　　82196330（综合管理部）

常年法律顾问：湖南崇民律师事务所　柳成柱律师

印　　刷：恒美印务（广州）有限公司

开　　本：889 mm × 1194 mm　　1/16

印　　张：2

书　　号：ISBN 978-7-5562-5491-0

版　　次：2021 年 4 月第 1 版

印　　次：2021 年 4 月第 1 次印刷

定　　价：149.00 元（全 5 册）